Instrumentación 3: Presión

Alexander Espinosa

Versión 4.1 – 2011

©2011, Alexander Espinosa.

Esta es una obra derivada de Lessons in Industrial Instrumentation de Tony R. Kuphaldt, pero no está financiada, patrocinada, revisada, aprobada o apoyada de ninguna forma por Tony R. Kuphaldt.
http://www.openbookproject.net/books

A mis hijos Camilo y Sofía

Indice

1 Mediciones continuas de Presión   **1**
   1.1   Manómetros   2
   1.2   Elementos mecánicos de presión   5
   1.3   Elementos eléctricos de presión   9
        1.3.1   Sensores piezorresistivos (galgas extensiométricas)   9
        1.3.2   Sensores de capacidad diferencial . . .   12
        1.3.3   Sensores con elementos resonantes . .   16
        1.3.4   Adaptaciones mecánicas   18
   1.4   Transmisores de balance de fuerzas   20
   1.5   Transmisores de presión diferencial   24
        1.5.1   Transmisores DP construcción y comportamiento   25

Figuras

1.1	Manómetros	2
	(a) Manómetro de tubo en U	2
	(b) Manómetro de cisterna o pozo	2
	(c) Manómetro de pozo elevado con escala inclinada	2
	(d) Manómetro de pozo elevado	2
1.2	Manómetros	3
	(a) Esquema	3
	(b) Interpretación de la lectura de una columna líquida	3
1.3	Manómetros	4
	(a) de pozo (well)	4
	(b) de tubo en U	4
	(c) inclinado	4
1.4	Elementos mecánicos para medición de presión	5
	(a) Fuelle	5
	(b) Diafragma	5
	(c) Tubo Bourdon	5
1.5	Elementos primarios	6
	(a) Foto de un fuelle	6
	(b) Foto de un diafragma	6
1.6	Tubo de Bourdon	7
	(a) Esquema del mecanismo de galga basado en tubo Bourdon conformado en C . . .	7
	(b) Foto del mecanismo de funcionamiento .	7
	(c) Tubo Bourdon en Espiral	7
1.7	Elementos de sensado de presión	8

	(a)	Fuelle diferencial	8
	(b)	Diafragma diferencial	8
	(c)	Tubo Bourdon	8
1.8	Galga de presión diferencial	8
1.9	Funcionamiento de un elemento piezorresistivo	10
1.10	Funcionamiento de una galga resistiva	11
	(a)	Esquema de funcionamiento	11
	(b)	Función del líquido de relleno	11
1.11	Principio de funcionamiento de una galga de capacitancia diferencial	13
	(a)	Presión Baja	13
	(b)	Presión	13
1.12	Transmisor de presión diferencial Foxboro IDP10	13
1.13	Transmisor de presión diferencial Rosemount 1151	14
	(a)	Foto	14
	(b)	Componentes de la brida	14
1.14	Transmisor de presión diferencial Rosemount 3051	15
	(a)	Foto del elemento primario de sensado: diafragma de aislamiento	15
	(b)	Foto del transmisor	15
1.15	Principio de funcionamiento de un sensor con elementos resonantes	16
1.16	Transmisor de presión modelo EJA110 de Yokogawa	17
	(a)	Transmisor	17
	(b)	Partes de la brida	17
1.17	Transmisor de presión con tubo Bourdon conformado en C	19
	(a)	Vista frontal	19
	(b)	Vista posterior	19
1.18	Mecanismo de autobalance: Balanza manual de laboratorio	20
1.19	Transmisor de presión neumático de balance de presión diferencial con presión de aire	22
1.20	Mecanismo de balance de fuerza electrónica	23

1.21	Transmisores de presión diferencial	25
	(a) Transmisor DP neumático	25
	(b) Transmisor DP electrónico	25
1.22	Fotos de transmisores de presión diferencial .	26
	(a) Rosemount 1151	26
	(b) Rosemount 3051	26
	(c) Rosca NPT para conexión directa al fluido de proceso	26
	(d) IDP10 de Foxboro	26
	(e) EJA110 de Yokogawa	26
1.23	Puertos alto y bajo de un transmisor de presión diferencial	27

Prólogo

El estudiante de instrumentación industrial debe conseguir una comprensión de muchos aspectos de la ciencia y la técnica que se utilizan para la obtención de bienes de consumo a través de métodos industriales de proceso. En las industrias de proceso coexisten antiguas y nuevas tecnologías, por lo que el desafío es aún mayor para los jóvenes que intentan obtener el dominio necesario de la instrumentación industrial.

+Alexander Espinosa

Capítulo 1

Mediciones continuas de Presión

La Presión es la variable principal en una gran cantidad de mediciones de procesos. Muchos tipos de mediciones industriales son mediciones derivadas, no directas, a partir de mediciones de presión. Por ejemplo:

- Caudal (midiendo la presión que cae a través de un estrechamiento del conducto)

- Nivel de líquido (midiendo la presión creada por una columna vertical de líquido)

- Densidad de líquido (midiendo la diferencia entre dos columnas de líquido de altura fija)

- Peso (celda hidráulica de carga *hydraulic load cell*)

Incluso la temperatura podría también ser inferida a partir de mediciones de presión en el caso de una cámara con fluido en que la presión de fluido y la temperatura del fluido están directamente relacionadas. Por eso, la presión es una magnitud muy importante de medir, y de medir en forma precisa *accurately*. Esta sección describe varios principios de funcionamiento para la medición de la presión.

1.1 Manómetros

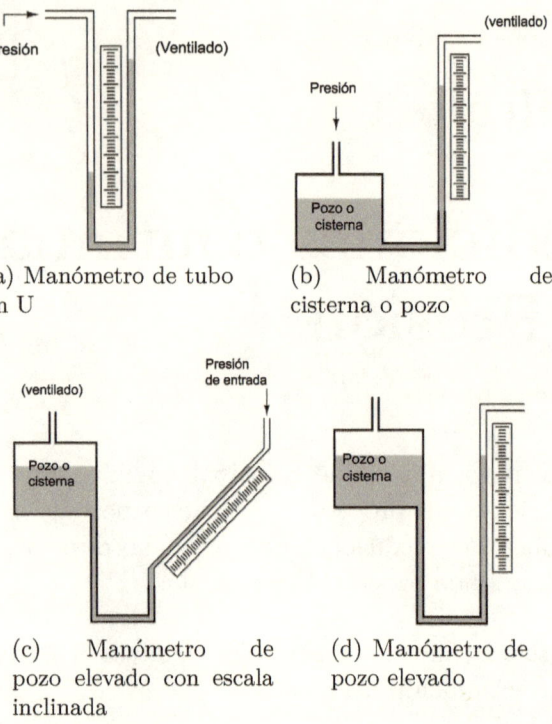

(a) Manómetro de tubo en U

(b) Manómetro de cisterna o pozo

(c) Manómetro de pozo elevado con escala inclinada

(d) Manómetro de pozo elevado

Figura 1.1: Manómetros

Un dispositivo muy simple para medir la presión es el **manómetro** *manometer*: un tubo rellenado con fluido en el que una presión de gas que se aplique logra que la altura del fluido cambie proporcionalmente. Por esto es que la presión, frecuentemente se mide en unidades de altura de líquido (Ejemplo: pulgadas de agua, pulgadas de Mercurio). Como se puede apreciar, un manómetro es fundamentalmente un instrumento de medición de presión diferencial, indicando la diferencia entre dos presiones por un cambio en la altura de una columna de líquido (Fig. 1.2a).

Claramente, es completamente aceptable que se use uno

1.1. MANÓMETROS

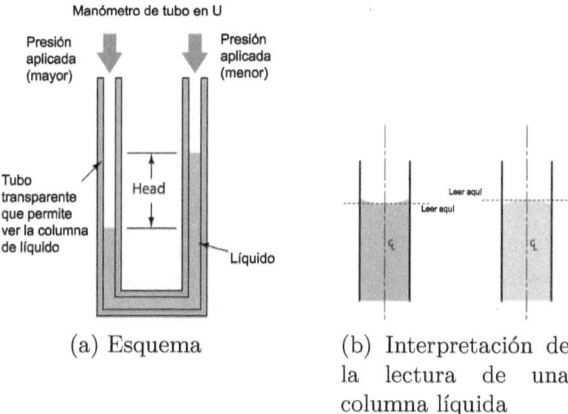

(a) Esquema   (b) Interpretación de la lectura de una columna líquida

Figura 1.2: Manómetros

de los tubos sin cerrar para que esté en contacto con la presión atmosférica y que se use el otro para medir la presión del proceso en comparación con la presión atmosférica.

La altura de la columna de líquido en un manómetro debe ser siempre interpretada en la línea central de la columna de líquido, sin importar la forma de la interface aire/líquido (*meniscus*) (Fig. 1.2b).

Los manómetros vienen en distintos formatos, el más común es el *U-tube*. Otros formatos son *well* (también llamado *cistern*), *raised well, inclined* y *well* (Fig. 1.2).

Los manómetros de tubo en "U" son muy baratos y están construidos de plástico translúcido (vea la foto de la izquierda) (Fig. 1.3b). Los manómetros de estilo pozo *well* son muy utilizados en las bancadas de calibración y están construidos típicamente de tubos de vidrio (vea la foto de la derecha) (Fig. 1.3a).

Los manómetros inclinados se usan para medir presiones muy bajas debido a su sensibilidad excepcional (note la escala fraccional para las pulgadas de columna de agua en la siguiente fotografía (Fig. 1.3c) que se extiende de 0 a 1.5 pulgadas en la escala, leyendo de izquierda a derecha).

Ventilar un lado del manómetro es una práctica común cuando se usa como indicador de *gauge* galga de presión, respondiendo a la presión en exceso con respecto a la presión atmosférica.

Ambos lados del manómetro deben emplearse para medir presiones diferenciales, como el caso del manómetro en "U", pero también se pueden medir presiones absolutas si uno de los extremos del manómetro se conectase a una cámara de vacío. Así es como se construye un barómetro de Mercurio, se sella uno de los lados del manómetro y se elimina el aire en ese lado de tal forma que la presión aplicada (atmosférica) siempre sea comparada con la del vacío.

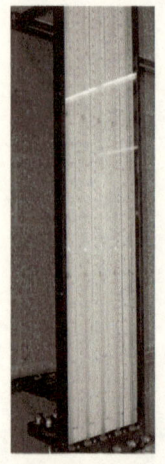

(a) de pozo (well)

Los manómetros que usan un *well* pozo tienen la ventaja de un solo punto de lectura: solo se necesita comparar la altura de una columna de líquido, no la diferencia entre dos columnas de líquido. El área transversal del la columna de líquido en el pozo *well* es tan grande en comparación con la del tubo transparente, que un cambio en la altura dentro del pozo será despreciable. En los casos en que la diferencia sea significativa, el espaciamiento entre las divisiones en la escala del manómetro deberán ser corridas para compensar.

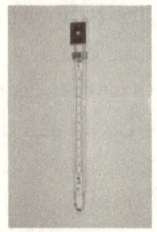

(b) de tubo en U

(c) inclinado

Figura 1.3: Manómetros

Los manómetros inclinados disfrutan la ventaja de mejor sensibilidad porque estos manómetros operan fundamentalmente bajo del principio de balance de presión por altura de líquido, y la altura de líquido siempre es medida paralelamente al empuje gravitatorio (perfectamente vertical). En un tubo inclinado se debe mover más agua para generar el mismo cambio de altura que en un manómetro en posición vertical. Esto explica el aumento de sensibilidad. En un manómetro inclinado se necesita más movimiento de líquido por unidad de presión.

1.2 Elementos mecánicos de presión

Los elementos mecánicos para medir presión incluyen los fuelles, los diafragmas y el tubo Bourdon (Fig. 1.4). Cada uno de estos dispositivos convierte la presión de fluido en una fuerza. Debido a las propiedades elásticas de estos dispositivos, se producirá un movimiento proporcional a la presión aplicada.

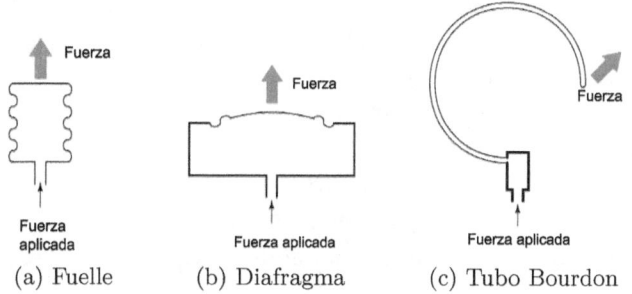

Figura 1.4: Elementos mecánicos para medición de presión

Los fuelles se parecen a un acordeón construido de metal en lugar de tela. El incremento de la presión en el interior de un fuelle hace que el fuelle aumente de tamaño (Fig. 1.5a).

Un diafragma no es más que un disco de material que se arquea bajo la influencia de la presión del fluido. Algunos diafragmas se construyen con materiales de poco efecto elástico llamados *slack diaphragms* que se usan junto con mecanismos externos para producir la fuerza de restablecimiento necesaria para evitar daños por la presión aplicada.

La foto muestra el mecanismos de una galga pequeña que

(a) Foto de un fuelle   (b) Foto de un diafragma

Figura 1.5: Elementos primarios

usa un diafragma de aleación de cobre y zinc *brass* como el elemento de sensado (Fig. 1.5b).

Una presión que se aplique en la parte trasera del diafragma, lo extenderá hacia arriba (alejándolo de la mesa en la que descansa, como se muestra en la foto (Fig. 1.5b)) y causando que un pequeño eje *shaft* se tuerza como respuesta. Este movimiento de torsión se transfiere a una palanca la que, a su vez, tira de una pequeña cadena que se enrosca alrededor de un puntero. El puntero rota y hace que la aguja del puntero recorra diferentes puntos en la escala de la galga. La escala y la aguja de este mecanismo de galga no se muestran para mayor apreciación del diafragma y mecanismo asociado.

Los tubos Bourdon están hechos de aleaciones de metal elástico que son conformadas en una forma circular. Bajo la influencia de la presión interna, un tubo de Bourdon *trata* de estirarse y adoptar la forma original que tenía antes de que fuera conformado en la fábrica.

La mayoría de las galgas de presión usan tubos de Bourdon como elemento de sensado de presión, en contraste, la mayoría de los transmisores usan un diafragma como elemento de sensado de presión. Los tubos Bourdon pueden ser conformados en forma espiral o helicoidal para obtener más movimiento (y por lo tanto mayor resolución de la galga).

Vea en (Fig. 1.6a) un mecanismo de galga basada en tubo Bourdon conformado en C.

1.2. ELEMENTOS MECÁNICOS DE PRESIÓN

Una fotografía posterior de un mecanismo de galga de presión de tubo en C revela como trabaja el mecanismo (Fig. 1.6b).

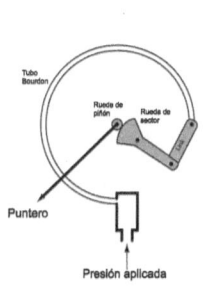

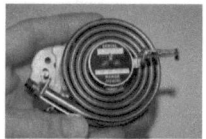

(a) Esquema del mecanismo de galga basado en tubo Bourdon conformado en C

(b) Foto del mecanismo de funcionamiento

(c) Tubo Bourdon en Espiral

Figura 1.6: Tubo de Bourdon

En la foto, el tubo en C, oscuro, es el elemento de sensado tubo Bourdon con las partes metálicas brillantes siendo la unión, la palanca y el conjunto de engranajes.

La próxima foto muestra un tubo Bourdon en espiral diseñado para producir una mayor amplitud de movimiento que un tubo Bourdon con tubo en C (Fig. 1.6c).

Note que los elementos como fuelles, diafragmas y tubos Bourdon pueden ser usados para medir presión absoluta y/o diferencial además de la presión de galga. Todo lo que se necesita es someter el otro lado del elemento sensor de presión a otra presión aplicada (en el caso de mediciones de presión diferencial) o a una cámara de vacío (en el caso de mediciones de presión absoluta).

El próximo conjunto de ilustraciones muestra cómo los fuelles, diafragmas y tubos Bourdon pueden ser usados como elementos de sensado de presión (Fig. 1.7).

El desafío para conseguir esto, reside en cómo hacer para

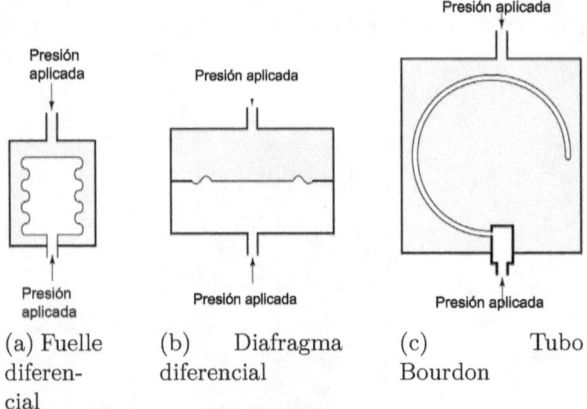

(a) Fuelle diferencial (b) Diafragma diferencial (c) Tubo Bourdon

Figura 1.7: Elementos de sensado de presión

que el movimiento mecánico del elemento de sensado de presión no ocurra en el interior, sino que sea implementado como un mecanismo exterior (como un apuntador), a la vez que se mantenga un buen sellado de presión. En los mecanismos de galgas de presión, no hay mayores problemas porque un lado del elemento de sensado de presión siempre deberá estar expuesto a la presión atmosférica así que ese lado siempre estará disponible para conexiones mecánicas.

Una galga de presión diferencial se muestra en la foto siguiente. Las dos entradas de presión son claramente evidentes en ambos lados de la galga (Fig. 1.8).

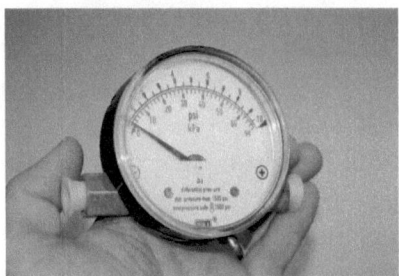

Figura 1.8: Galga de presión diferencial

1.3. ELEMENTOS ELÉCTRICOS DE PRESIÓN

Tabla 1.1: Breve resumen de los transmisores electrónicos de presión

Fabricante	Modelo	Ppio funcionamiento
ABB/Bailey	PTSD	Reluctancia diferencial
ABB/Bailey	PTSP	Piezorresistivo s. gauge
Foxboro	IDP10	Piezorresistivo s. gauge
Honeywell	ST3000	Piezorresistivo s. gauge
Rosemount	1151	Capacitancia diferencial
Rosemount	3051	Capacitancia diferencial
Rosemount	3095	Capacitancia diferencial
Yokogawa	EJX	Resonancia mecánica

1.3 Elementos eléctricos de presión

Existen unos pocos principios de funcionamiento para la conversión de presión de fluido en una señal eléctrica de respuesta. Estos principios forman la base de los transmisores de presión electrónicos diseñados para medir presión de fluido y transmitir esta información usando señales eléctricas como las del estándar analógico 4-20 mA, o los protocolos digitales HART o Foundation Fieldbus.

Vea un breve resumen de transmisores electrónicos de presión (Tab. 1.1).

1.3.1 Sensores piezorresistivos (galgas extensiométricas)

piezorresistivo significa **resistencia sensible a la presión** o resistencia que cambia con la presión aplicada. La galga extensiométrica es un ejemplo clásico de un elemento piezorresistivo(Fig. 1.9).

Cuando un elemento de prueba se comprime o estira por la aplicación de una fuerza los conductores de la galga extensiométrica se deforman en forma parecida. La

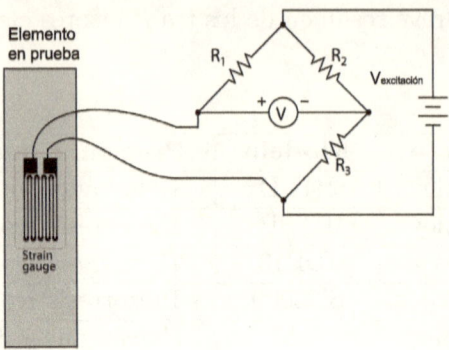

Figura 1.9: Funcionamiento de un elemento piezorresistivo

resistencia eléctrica de cada conductor es proporcional al cociente entre el largo y el área de la sección transversal ($R \propto \frac{l}{A}$), lo que significa que la deformación por esfuerzo (estirado) incrementará la resistencia eléctrica cuando, simultáneamente, se incremente el largo y se disminuya el área de la sección transversal. La deformación por compresión (*squishing*) hará que disminuya la resistencia eléctrica a causa de la disminución del largo y el aumento área de la sección transversal, en forma simultánea.

Al pegar una galga extensiométrica a un diafragma se obtiene un dispositivo que cambia la resistencia cuando se aplica una presión. Las fuerzas debidas a la presión hacen que el diafragma se deforme, lo que a su vez hace que la galga extensiométrica cambie su resistencia. Al medir este cambio con una resistencia, podremos inferir la cantidad de presión que se ha aplicado al diafragma.

El sistema de galgas extensiométricas clásico representado en la ilustración anterior es de metal, incluyendo el elemento de prueba. Siempre que se use dentro de los límites elásticos, muchos tipos de metales muestran buenas características elásticas. Sin embargo, los metales padecen de fatiga debido a la ocurrencia de ciclos repetidos de esfuerzos de estiramiento y compresión, lo que causa que el metal sufra deformación permanente y pérdida de elasticidad cuando sea sometido a

1.3. ELEMENTOS ELÉCTRICOS DE PRESIÓN

esfuerzos que superen sus límites elásticos. Esto es una fuente común de errores en instrumentos de presión con elementos piezoresistivos metálicos: si ocurre sobrepresión tienden a perder precisión *accuracy* debido a la pérdida de elasticidad.

Las técnicas modernas han hecho posible la construcción de galgas extensiométricas hechas de Silicio en vez de metales. El Silicio muestra características elásticas muy lineales en un intervalo estrecho de movimiento y oponen gran resistencia a la fatiga. Cuando una galga de Silicio es sometida a esfuerzo excesivo, falla completamente, en vez de perder elasticidad. Esto es una buena cosa, porque la falla del sensor se manifiesta claramente y con ello se facilita la detección de fallas en los sistema de medición y control.

Así, los instrumentos modernos de presión basados en galgas piezoresistivas usan galgas de Silicio para sensar la deformación de un diafragma sometido a presión de fluido. Una ilustración simple de un sensor de galga extensiométrica y su diafragma se muestra(Fig. 1.10a).

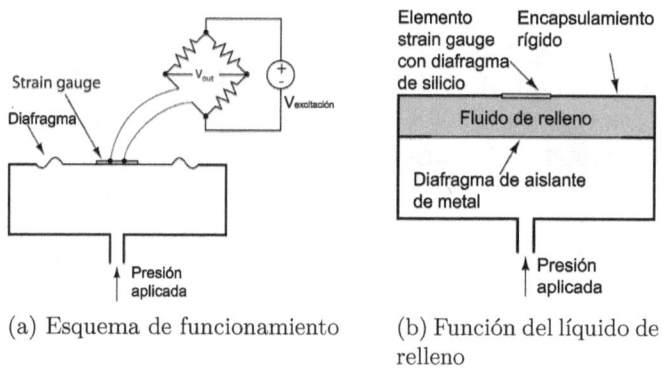

(a) Esquema de funcionamiento

(b) Función del líquido de relleno

Figura 1.10: Funcionamiento de una galga resistiva

Una vez que el diafragma se mueve con la presión, la galga se deforma causando que la resistencia cambie. Este cambio en resistencia desbalancea un circuito puente, lo que causa que un voltaje (V_{out}) se haga proporcional a la presión aplicada. Así, el voltaje de la galga extensiométrica trabaja para convertir la potencia aplicada en una señal de voltaje que pueda ser amplificada y convertida a una señal de 4-20 mA, o a una señal digital Fieldbus.

En algunos diseños, la pieza de Silicio sirve como diafragma y galga extensiométrica para explotar las excelentes propiedades mecánicas del Silicio (alta linealidad y baja fatiga). Sin embargo, el Silicio no es compatible con muchos fluidos de proceso, por lo que la presión debe ser transferida a un sensor o diafragma usando un fluido no reactivo de relleno *fill fluid* que es un líquido basado en Silicio o Fluorocarbono. Un diafragma aislador de metal transfiere la presión del proceso hacia el fluido de relleno, el cual, a su vez, transfiere la presión a la pieza de Silicio. La siguiente ilustración muestra como esto trabaja (Fig. 1.10b).

El diafragma aislador está diseñado para ser mucho más flexible (menos rígido) que el diafragma de Silicio, porque su propósito es transferir la presión de fluido (sin distorsión) desde el fluido de proceso hacia el fluido de relleno. De esta forma, el sensor de Silicio sensará la misma presión que si hubiese estado expuesto al fluido de proceso, sin haber tenido que estar en contacto con este. El transmisor de presión diferencial Foxboro modelo IDP10 es un ejemplo de instrumento que se basa en este principio de funcionamiento, se muestra en la fotografía siguiente (Fig. 1.12).

1.3.2 Sensores de capacidad diferencial

Dentro de la clasificación de sensores eléctricos también se incluyen los basados en el principio de capacitancia diferencial. En este diseño, el elemento de sensado es un diafragma de metal tenso *taut metal diaphragm* ubicado a la misma distancia de dos superficies metálicas estacionarias, formando un par de capacitores complementarios. Un fluido de relleno aislante *insulating* no conductor de electricidad (normalmente un compuesto de líquido de Silicio) transfiere el movimiento desde el diafragma aislador hacia el diafragma de sensado y también sirve como dieléctrico efectivo para los

1.3. ELEMENTOS ELÉCTRICOS DE PRESIÓN

dos capacitores.

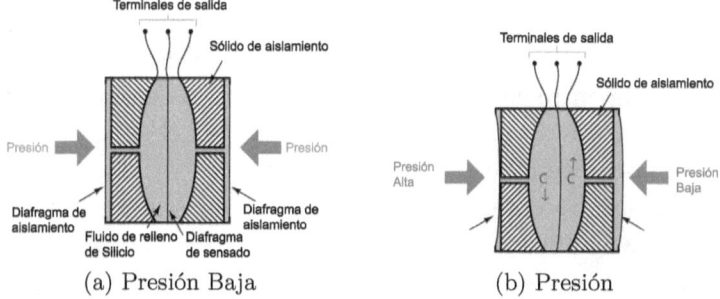

(a) Presión Baja   (b) Presión

Figura 1.11: Principio de funcionamiento de una galga de capacitancia diferencial

Cualquier diferencia de presión a través de la celda hace que el diafragma se curve en la dirección de la menor presión. El diafragma de sensado es un elemento elástico fabricado con mecánica de precisión, lo que significa que su desplazamiento es una función de la fuerza aplicada y responde solamente a la presión diferencial aplicada contra la superficie del diafragma de acuerdo con la conocida ecuación Fuerza-Presión-Area (Ec. 1.1):

$$F = PA \quad (1.1)$$

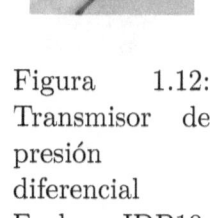

Figura 1.12: Transmisor de presión diferencial Foxboro IDP10

En este caso, se tienen dos fuerzas causadas por dos presiones de fluido trabajando en contra, por lo tanto la ecuación Fuerza-Presión-Area puede ser reescrita como la fuerza resultante función de la presión diferencial $(P_1 - P_2)$ y el área del diafragma: $F = (P_1 - P_2)A$. Puesto que el área del diafragma es constante y la fuerza está relacionada con el desplazamiento del diafragma, todo lo que se necesita saber para inferir la presión diferencial es la medición precisa *accurately* del desplazamiento del diafragma.

La función secundaria del diafragma como una placa de dos capacitores ofrece un método conveniente para medir el desplazamiento. Puesto que la capacidad entre dos conductores es inversamente proporcional a la distancia de separación entre ellos, la capacidad en el lado de baja presión se incrementará mientras la capacidad en el lado de alta presión decrecerá (Fig. 1.11b).

Un circuito detector de capacidad conectado a esta celda usa una señal de excitación AC de alta frecuencia para medir la diferencia de capacidad entre las dos mitades, luego traduce esto en una señal DC, que es la que al final se envía como señal de salida del instrumento representando la presión.

Este tipo de medición de presión es muy preciso *accurate*, estable y robusto. El marco sólido bloquea el movimiento de los dos diafragmas móviles para evitar que puedan moverse más allá del límite elástico. Esto ofrece gran resistencia a daños por sobrepresión.

Un ejemplo clásico de un instrumento que usa el principio funcionamiento de la capacidad diferencial es el transmisor de presión diferencial modelo 1151 de Rosemount, el que se muestra en la foto (Fig. 1.13a).

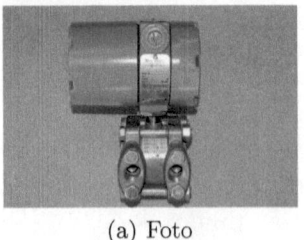 

(a) Foto   (b) Componentes de la brida

Figura 1.13: Transmisor de presión diferencial Rosemount 1151

Si se quitan dos tuercas, se pueden eliminar dos bridas *flange* de la cápsula de presión para poder ver los diafragmas aisladores (Fig. 1.13b).

Una foto de detalle (Fig. 1.14a) muestra la construcción

1.3. ELEMENTOS ELÉCTRICOS DE PRESIÓN

de uno de los diafragmas de aislamiento, el cual, a diferencia del diafragma de sensado, ha sido diseñado para ser muy flexible. Los doblados concéntricos en el metal del diafragma le permite flectarse fácilmente con la presión aplicada, transmitiendo así la presión de fluido a través del fluido de Silicio hasta el diafragma de sensado dentro de la celda de capacidad diferencial.

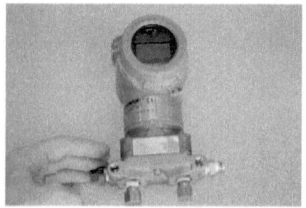

(a) Foto del elemento primario de sensado: diafragma de aislamiento

(b) Foto del transmisor

Figura 1.14: Transmisor de presión diferencial Rosemount 3051

Otro instrumento, más moderno, que utiliza el principio de la diferencia de capacidad es el transmisor de presión diferencial modelo 3051 de Rosemount (Fig. 1.14b).

Como en el caso de los dispositivos de presión diferencial, este instrumento tiene dos puertos a través de los cuales el fluido de presión puede ser aplicado al sensor. Este sensor, a su vez, responde solo a la diferencia de presión entre los puertos.

La construcción de este sensor de capacidad diferencial es más compleja en este instrumento en particular, con el plano del diafragma de sensado descansando en forma perpendicular al plano de los dos diafragmas aisladores. Este diseño es mucho más compacto que el estilo más antiguo de sensor y sirve para aislar los diafragmas de sensado de los esfuerzos en las tuercas de las bridas *flanges*: una de las mayores fuentes de error de los diseños más antiguos.

1.3.3 Sensores con elementos resonantes

Cualquier guitarrista puede contarle que la frecuencia natural de una cuerda tensada se incrementa con la tensión. Así es como se pueden afinar los instrumentos: la tensión de cada cuerda se ajusta en forma precisa hasta que alcance la frecuencia de resonancia.

Matemáticamente, la frecuencia de resonancia de una cuerda puede ser descrita con la siguiente fórmula:

$$f = \frac{1}{2L}\sqrt{\frac{F_T}{\mu}} \qquad (1.2)$$

Donde,

f = Frecuencia fundamental de la cuerda (Hertz)
L = Largo de la cuerda (metros)
F_T = Tensión de la cuerda (Newton)
μ = Masa unitaria de la cuerda (kilogramos por metro)

Parece evidente que una cuerda puede servir como un sensor de fuerza. Todo lo que se necesita es completar el sensor con un circuito oscilador para mantener la vibración de la cuerda en su frecuencia resonante y que tal frecuencia se convierta en la indicación de la tensión (fuerza). Si la fuerza proviniese de la presión aplicada a determinado elemento sensor como un fuelle o diafragma, la frecuencia de resonancia de la cuerda indicará la presión de fluido (Fig. 1.15).

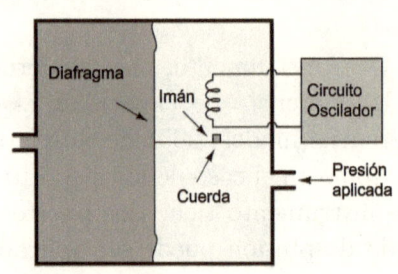

Figura 1.15: Principio de funcionamiento de un sensor con elementos resonantes

1.3. ELEMENTOS ELÉCTRICOS DE PRESIÓN

La compañía Foxboro utilizó el principio de un cable resonante para diseñar un transmisor de presión. Después la Corporación Yokogawa de Japón aplicó este principio a un par de micromáquinas con estructuras resonadoras de Silicio, este es un ejemplo de un sistema microelectromecánico, el que constituyó la base para los transmisores de presión de la línea DPHarp.

Se muestra una foto del transmisor de presión modelo EJA110 de Yokogawa (Fig. 1.16a).

(a) Transmisor

(b) Partes de la brida

Figura 1.16: Transmisor de presión modelo EJA110 de Yokogawa

La presión de proceso entra a través de puertos en las dos bridas *flanges*, presiona un par de diafragmas aisladores transfiriendo el movimiento a un sensor de diafragma donde los elementos resonantes cambian su frecuencia con el esfuerzo del diafragma. Hay circuitos electrónicos en la parte alta del encapsulado que miden las frecuencias de oscilación y luego generan una señal proporcional a la diferencia entre las frecuencias medidas y la de resonancia. Esta es la representación de la diferencia de presión (Fig. 1.16b).

Las verdaderas diferencias entre este sensor y el de capacidad diferencial no se ven porque están escondidas en la cápsula.

Una ventaja interesante de un sensor basado en elementos

resonantes es que la señal es muy fácil de digitalizar. La vibración de cada elemento resonante es captada por el circuito electrónico como una frecuencia AC. Una señal de frecuencia puede ser fácilmente contada durante un determinado intervalo de tiempo para convertirla a una representación binaria. Los osciladores electrónicos de cuarzo son extremadamente precisos por lo que pueden proporcionar una referencia estable que es necesaria en cualquier instrumento basado en frecuencia.

En el diseño DHarp, los dos elementos resonantes oscilan a la frecuencia nominal de 90 kHz. En la medida en que el diafragma se deforma con la presión aplicada, un resonador sufre tensión de estiramiento mientras que el otro sufre compresión, lo que causa que el primero suba su frecuencia y el otro la baje en una cantidad de +/- 20 kHz. El circuito electrónico de condicionamiento del transmisor mide las diferencias de frecuencias de oscilación con respecto a la frecuencia del resonador para inferir la presión aplicada.

1.3.4 Adaptaciones mecánicas

Los sensores de presión electrónicos de presión son capaces de convertir los movimientos muy pequeños del diafragma en señales eléctricas a través del uso de técnicas de sensado de movimiento (galgas extensiométricas, celdas de capacidad diferencial, etc.). Los diafragmas están hechos de materiales elásticos que se comportan como resortes, pero los diafragmas circulares tienen un comportamiento no linear cuando son muy estirados a diferencia de los diseños clásicos de bobina y resorte, los cuales mantienen su linealidad en un intervalo mayor de movimiento. Entonces, para alcanzar una mayor linealidad con respecto a la presión, los diafragmas están diseñados para operar con muy poco estiramiento en el intervalo de medición normal de presión. Para limitar el desplazamiento del diafragma se necesitan técnicas muy sensibles de detección de movimiento tales como las galgas extensiométricas, celdas de capacitancia diferencial y sensores

1.3. ELEMENTOS ELÉCTRICOS DE PRESIÓN

de resonancia mecánica para convertir el movimiento muy restringido del diafragma en señales electrónicas.

Una alternativa para los sistemas de medición electrónicos de medición de presión es el uso de elementos de captación de presión con mejores características lineales de presión-desplazamiento como los tubos Bourdon y los fuelles cargados. Luego se detecta el movimiento de gran escala del elemento de presión, usando dispositivos eléctricos de captación de movimiento menos sofisticados como los potenciómetros, los LVDT (Linear Variable Diferencial Transformer) y los sensores de efecto Hall. En otras palabras, se toman una serie de mecanismos más comunes como galgas de lectura directa de presión y se agrega un potenciómetro (o dispositivo similar) para obtener una señal eléctrica a partir de la medición de presión.

La siguiente foto muestra la vista frontal (Fig. 1.17a) y posterior (Fig. 1.17b) de un transmisor de presión que usa un tubo de Bourdon conformado en C como el elemento sensor (en foto de la izquierda).

(a) Vista frontal (b) Vista posterior

Figura 1.17: Transmisor de presión con tubo Bourdon conformado en C

Esta solución alternativa es muy simple y menos cara de fabricar que la solución de los diafragmas, sin embargo tiende a ser menos precisa. Los tubos Bourdon y los fuelles no son resortes perfectamente lineales y el movimiento de tales elementos de presión introducen la posibilidad de errores debido a la histéresis (donde el instrumento no responde con precisión durante mediciones reversas de presión en los que el mecanismo cambia la dirección de movimiento) debido a la fricción del mecanismo y errores de banda muerta *deadband* causadas por conexiones mecánicas no apretadas *backlash* o *looseness*.

Con este diseño se puede fabricar un indicador de presión y un transmisor electrónico.

1.4 Transmisores de balance de fuerzas

Un principio de funcionamiento antiguo válido para todos los tipos de mediciones continuas es el sistema de autobalance. Un sistema con autobalance continuamente balancea una magnitud ajustable con una magnitud medida, la magnitud ajustable se convierte en una indicación de la magnitud medida una vez que se haya alcanzado el balance. Un tipo de sistema de balanza manual es el tipo de escalas usadas en laboratorios para medir masa (Fig. 1.18).

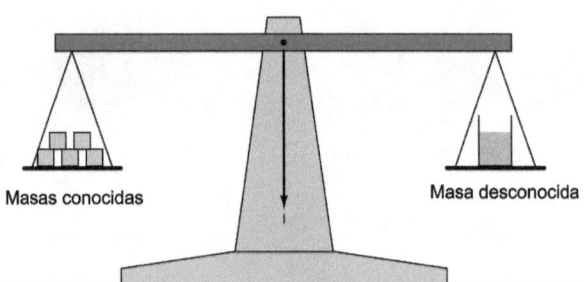

Figura 1.18: Mecanismo de autobalance: Balanza manual de laboratorio

Aquí, la masa desconocida es la magnitud a medir y las masas conocidas son la magnitud ajustable. Un laboratorista coloca tantas masas en el lado izquierdo de la balanza como sea necesario para llegar al balance, el conteo de las masas

1.4. TRANSMISORES DE BALANCE DE FUERZAS 21

que se han colocado para contrarrestar el peso de la masa desconocida es el resultado de la medición.

Este sistema es perfectamente lineal y ese es el motivo por el que son tan populares en la investigación científica. El mecanismos de la balanza es un ejemplo de simplicidad y lo único que tiene que indicarse con precisión es la condición de balance (igualdad entre masas).

Si la tarea de balanceado la hiciese un mecanismo automatizado, la cantidad ajustable podría ir cambiando continuamente para adaptarse a la necesidad de balanceado, por lo tanto se convierte en una representación de la magnitud desconocida. En el caso de los instrumentos de presión, la presión es fácilmente convertida en una fuerza que actúa en la superficie de un sensor como el diafragma o el fuelle. Se puede generar una fuerza de balance para cancelar exactamente la fuerza que ejerce la presión del proceso, haciendo que el instrumento pase a ser un instrumento basado en balance de fuerzas. Este tipo de instrumento es muy lineal al igual que la balanza manual.

Se muestra un diagrama de un transmisor de presión neumático de balance de fuerza donde se obtiene la señal neumática de salida al balancear una presión diferencial con una presión de aire ajustable (Fig. 1.19).

La presión diferencial es captada por un diafragma relleno con liquido *cápsula* el cual transmite la fuerza a la barra de fuerza. Si la barra de fuerza se sale de su posición debido a la fuerza aplicada, un mecanismo muy sensible de *baffle* y boquilla *nozzle* lo detecta y envía una cantidad diferente de presión de aire hacia el fuelle. El fuelle presiona la *barra de campo* la que, a su vez, pivotea para contrarrestar el movimiento inicial de la barra de fuerza. Cuando el sistema retorna al equilibrio, la presión de aire en el fuelle será la representación directa y lineal de la presión de fluido aplicada a la cápsula del diafragma.

Este mecanismo se puede convertir de balance de fuerza neumático a balance de fuerza electrónica (Fig. 1.20).

La presión diferencial se mide con el mismo tipo de

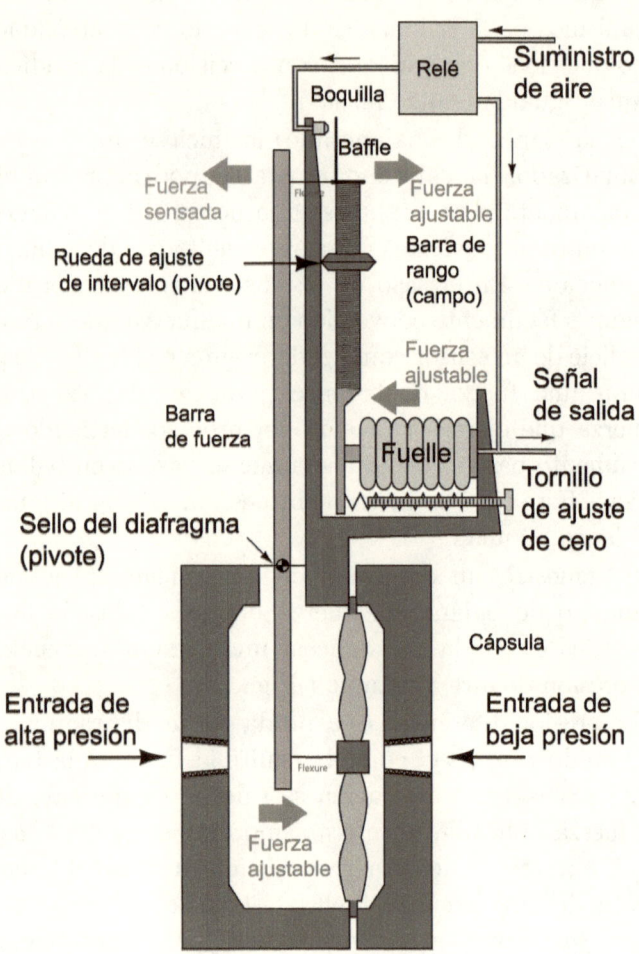

Figura 1.19: Transmisor de presión neumático de balance de presión diferencial con presión de aire

1.4. TRANSMISORES DE BALANCE DE FUERZAS 23

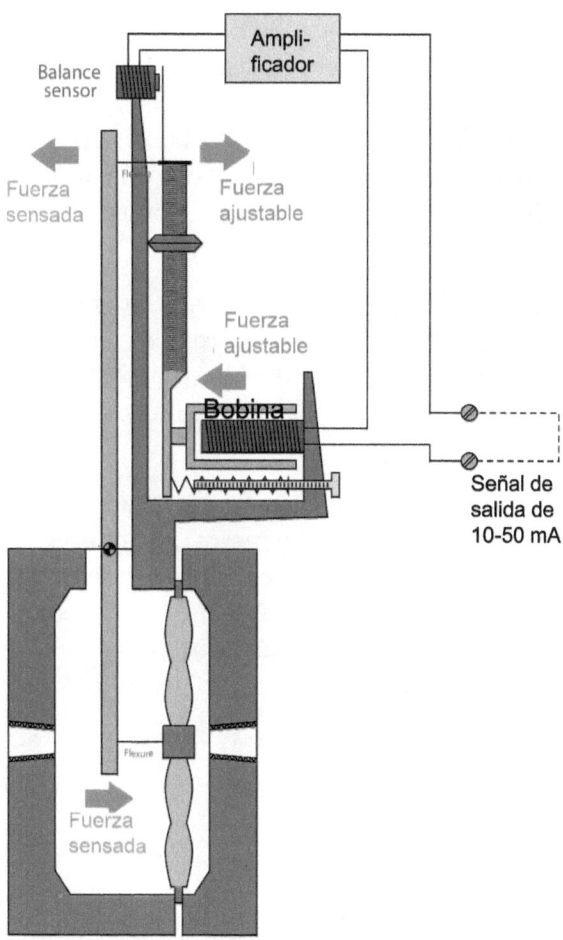

Figura 1.20: Mecanismo de balance de fuerza electrónica

cápsula con diafragma relleno de líquido el cual transmite fuerza a la barra de fuerza. Si la barra de fuerza se mueve de su posición debido a la fuerza aplicada, un sensor electromagnético de gran sensibilidad detecta esto y hace que un amplificador electrónico envíe una cantidad diferente de corriente eléctrica a la bobina de fuerza. La bobina de fuerza ejerce presión contra la barra de campo, la que pivotea para contrarrestar el movimiento inicial de la barra de fuerza. Cuando el sistema retorna al equilibrio, la corriente en mA que fluya por la bobina de fuerza será una representación directa y lineal de la presión de fluido de proceso en la cápsula del diafragma.

Una ventaja de este tipo de instrumentos de presión de balance de fuerzas (aparte de su linealidad) es la restricción en el movimiento del sensor, debido a que el balance no se hace a expensas de la elasticidad de un elemento de tipo resorte.

Desafortunadamente los instrumentos de balance de fuerza tienden a ser voluminosos y pueden traducir vibraciones en fuerzas inerciales que se interpretan como ruido en la señal de salida. Además la energía eléctrica necesaria para balancear el transmisor de balance de fuerza electrónica lo hace poco seguro en ambientes potencialmente explosivos.

1.5 Transmisores de presión diferencial

Estos tipos de dispositivos sensan la diferencia de presión entre dos puertos y generan una señal de salida representando esa presión en relación a un intervalo calibrado (campo). Los transmisores de presión diferencial pueden estar basados en cualquiera de los principios vistos de sensado de presión.

1.5. TRANSMISORES DE PRESIÓN DIFERENCIAL

1.5.1 Transmisores DP construcción y comportamiento

Los transmisores de presión diferencial están compuestos por un encapsulado robusto de metal forjado que alberga los elementos de sensado. En la parte superior tienen un compartimiento para los componentes electrónicos y mecánicos necesarios para traducir la presión sensada a una señal normalizada (3-15 PSI, 4-20 mA, Fieldbus) (Fig. 1.21).

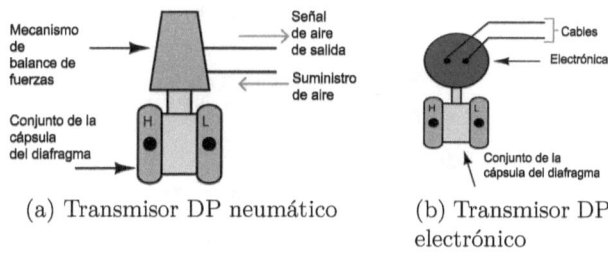

(a) Transmisor DP neumático

(b) Transmisor DP electrónico

Figura 1.21: Transmisores de presión diferencial

En esta foto se distinguen dos modelos: a la izquierda, modelo 1151 (Fig. 1.22a) y a la derecha el modelo 3051 (Fig. 1.22b), ambos de Rosemount.

Dos modelos adicionales se muestran en la siguiente foto: a la izquierda, el modelo EJA110 de Yokogawa (Fig. 1.22e) y a la derecha, el modelo IDP10 de Foxboro (Fig. 1.22d).

Los puertos de todos estos modelos están fabricados con rosca NPT de 1 y 4 pulgadas para conectarse directamente al fluido del proceso (Fig. 1.22c).

Las etiquetas de alto y bajo no se refieren a que haya que conectar presiones altas o bajas sino que indican el efecto que tendría un aumento en la presión en ese puerto. Así en el puerto alto, un aumento de presión se interpretaría como una presión que sube y si el aumento de presión se produce en el puerto bajo, se interpretará como una disminución de presión (Fig. 1.23).

Al etiquetar de esta forma los puertos, se puede notar

 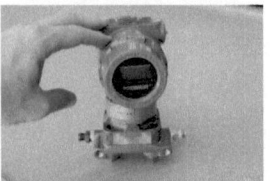

(a) Rosemount 1151　　　(b) Rosemount 3051

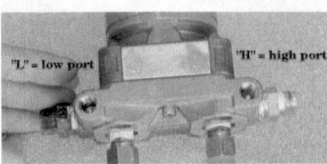

(c) Rosca NPT para conexión directa al fluido de proceso

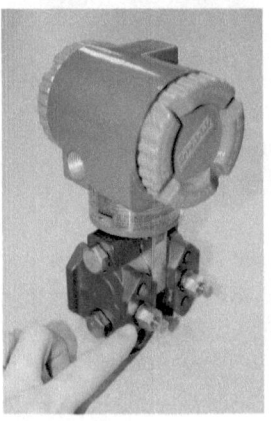 

(d) IDP10 de Foxboro　　　(e) EJA110 de Yokogawa

Figura 1.22: Fotos de transmisores de presión diferencial

1.5. TRANSMISORES DE PRESIÓN DIFERENCIAL 27

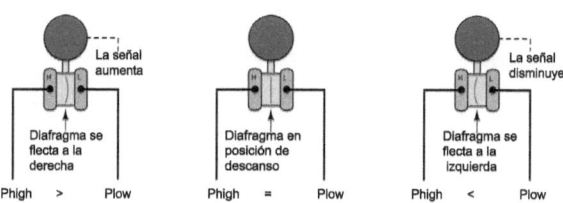

Figura 1.23: Puertos alto y bajo de un transmisor de presión diferencial

parecido con las entradas inversoras y no inversoras de un Amplificador Operacional.

En cualquier aplicación de transmisores diferenciales es necesario tener un medio de conexión entre los puertos del transmisor y el proceso. Para esto se utilizan tubos plásticos o capilares *pipes* que son llamados líneas de impulso *impulse lines*, líneas de galga *gauge lines*, líneas de sensado *sensing lines*, tuberías de sensado *sensing tubes*. Este es el equivalente de las puntas de un *tester* para medir voltaje. Estas tuberías se conectan al proceso por medio de acoples de presión *compression fittings* para permitir la conexión y desconexión fácil.

www.ingramcontent.com/pod-product-compliance
Lightning Source LLC
Chambersburg PA
CBHW020956180526
45163CB00006B/2394